作品
Pictures

3

不如做植物

茹茹萍 著

重庆出版集团
重庆出版社

1 2 **3**

136

001

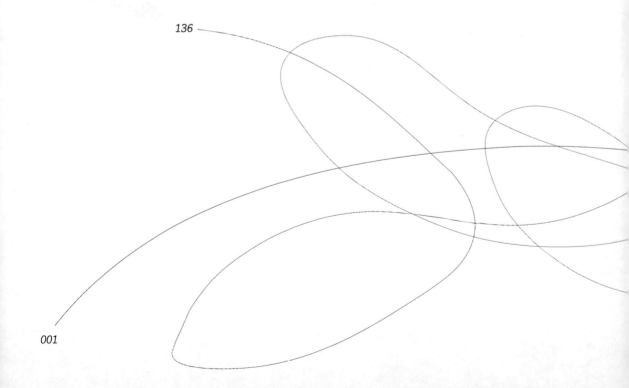

3
作品
Pictures

Index

Chapter_01 绿
Chapter_02 咖
Chapter_03 黄
Chapter_04 灰

066
112

Chapter_01

绿

工作室
Adore Studio

芭蕉
Plantains

芭蕉
Plantains

芭
Plantai

by ruruping

蕨类

Fern

蕨类
Ferns

by ruriping

沙生植物
Psammophyte

沙生植物

Psammophytes

沙生植物

Psammophytes

竹

Bambo

竹
Bamboo

蓬莱松

亚麻籽

竹
Bamboo

高山羊齿

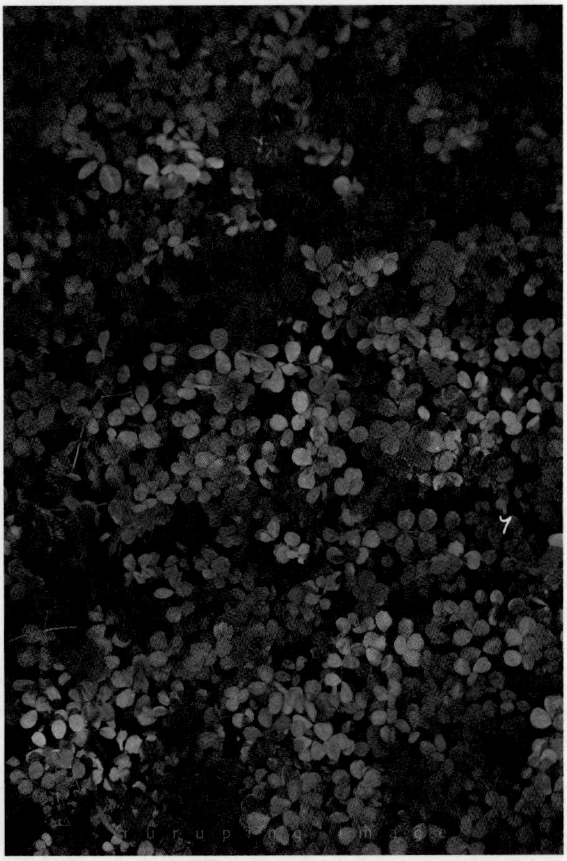
uruping image

小森

Little Fore

小森
Little Fores

阴天的龟山
The Hill Covered by Cloud

阴天的
The Hill Covered by Clou

阴天的龟山
The Hill Covered by Cloud

Chapter_02

咖

干花
Dried Flowers

龟山的牛
Cattle

龟山的牛
Cattle

枯叶
Dried Leaves

枯
Dried Leave

枯
Dried Leav

扫描仪下的植

Plants Under a Scann

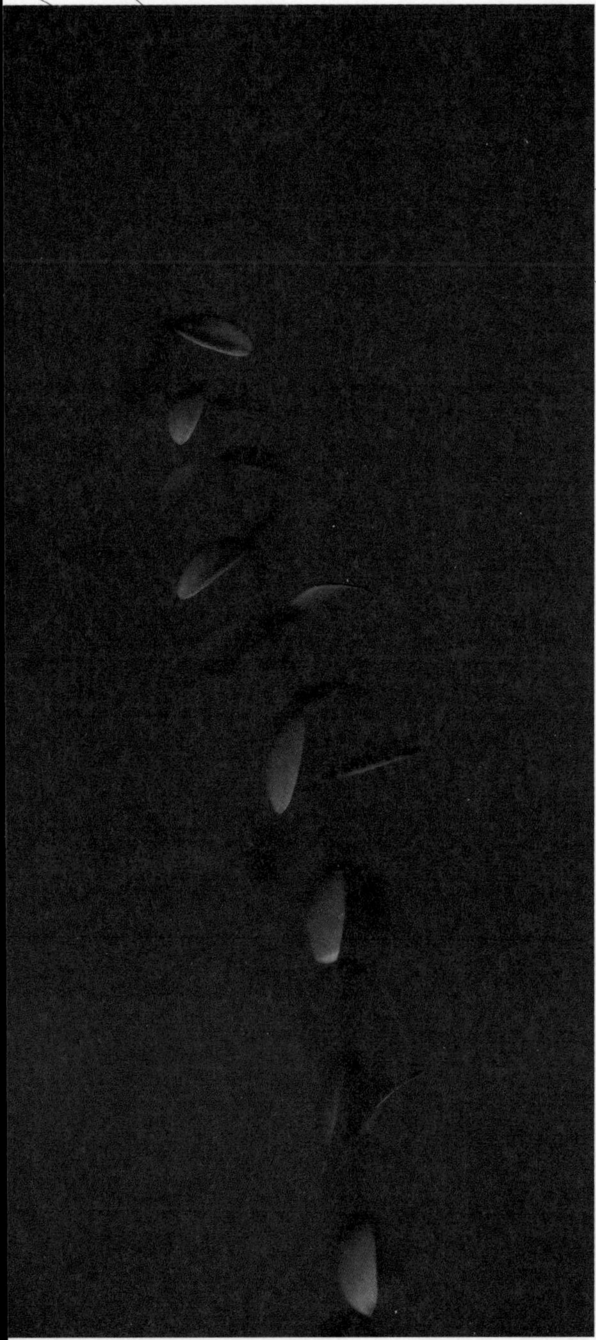

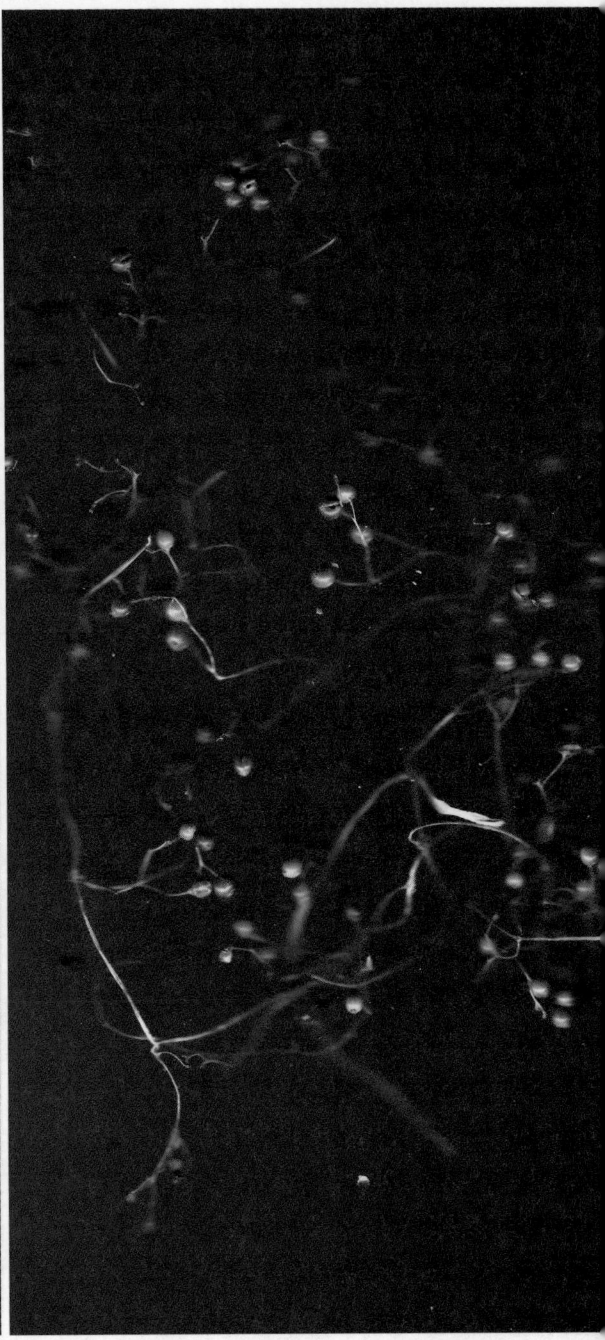

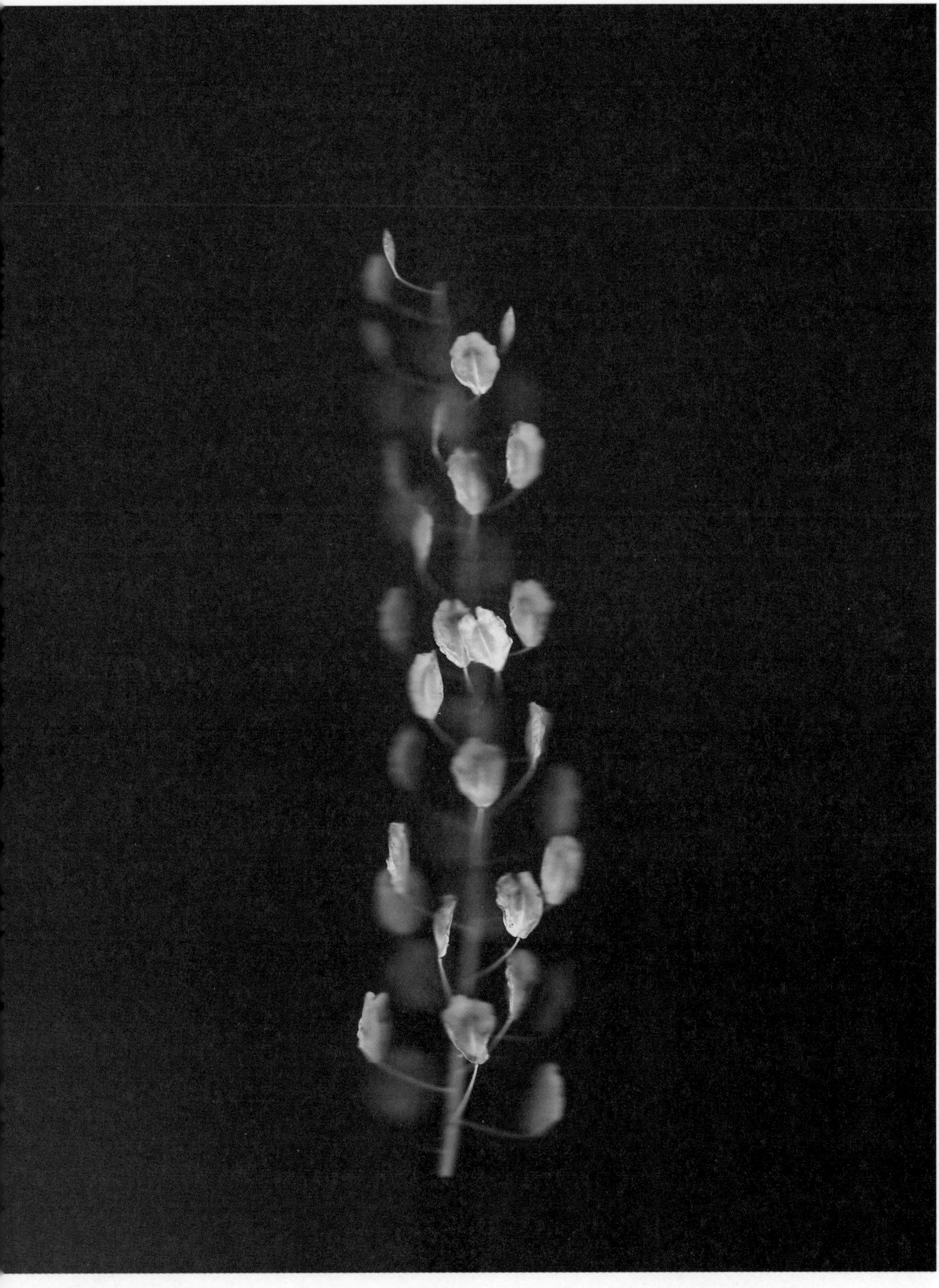

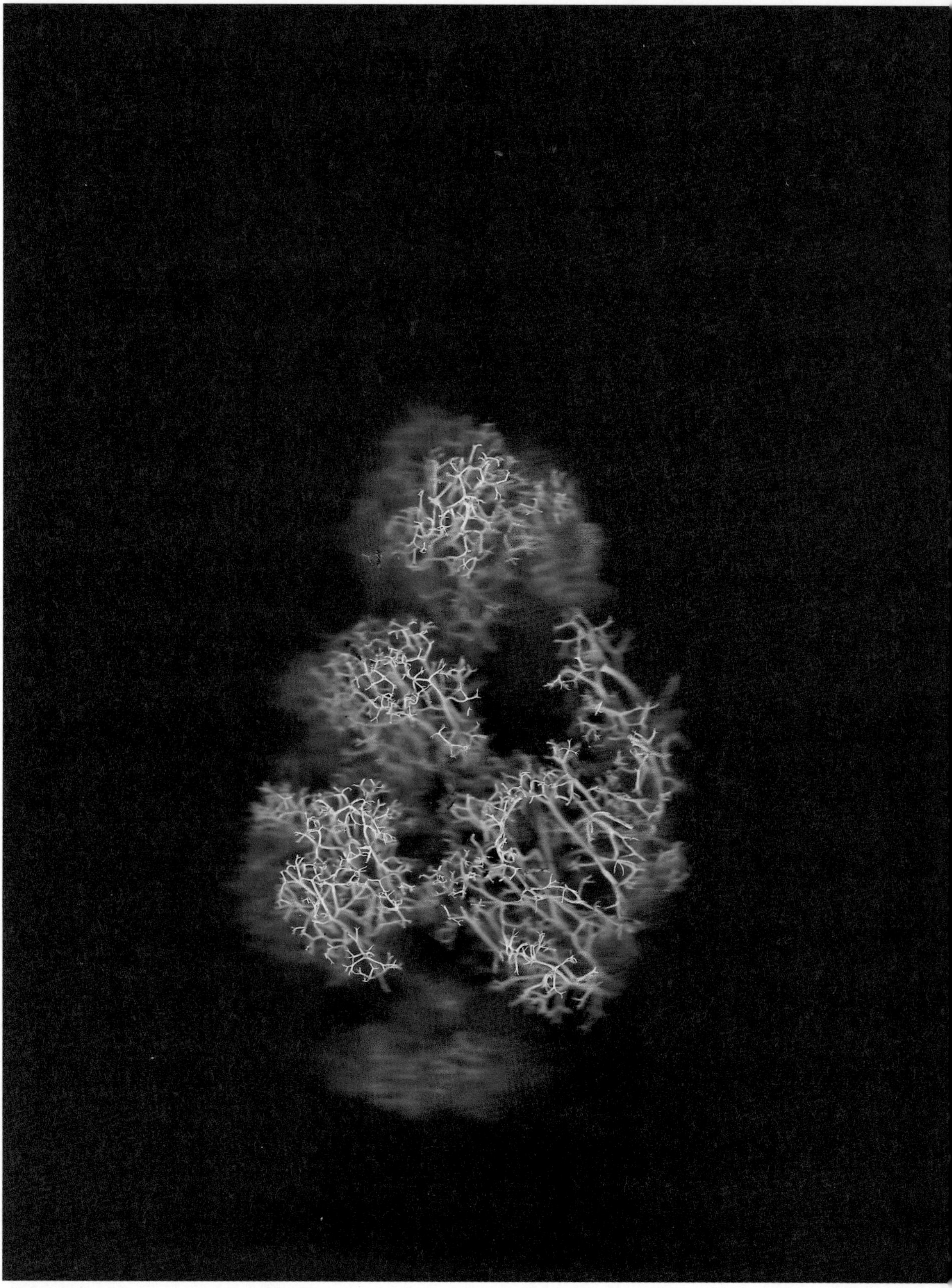

扫描仪下的植物
Plants Under a Scanner

扫描仪下的植物

Plants Under a Scanne

手作台
My Worktabl

Chapter_03

黄

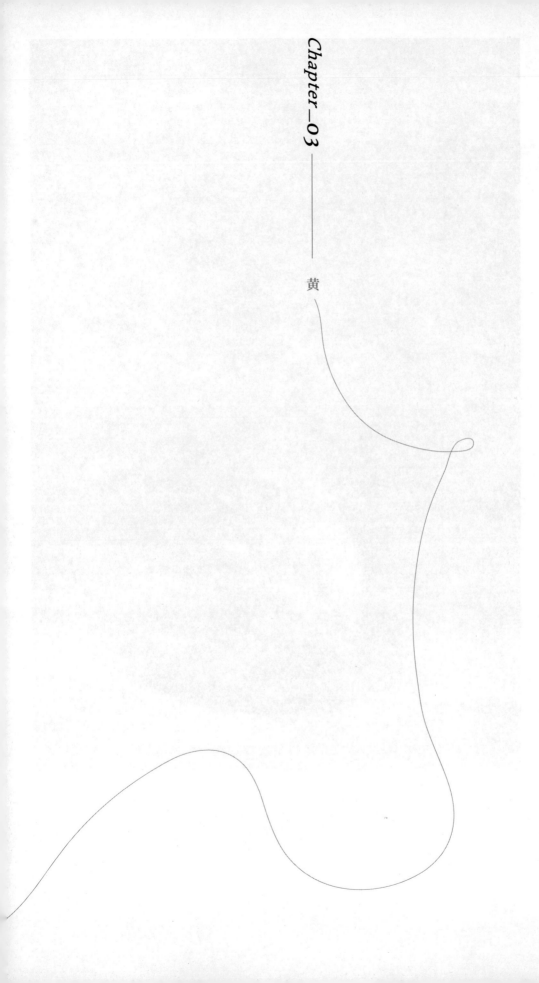

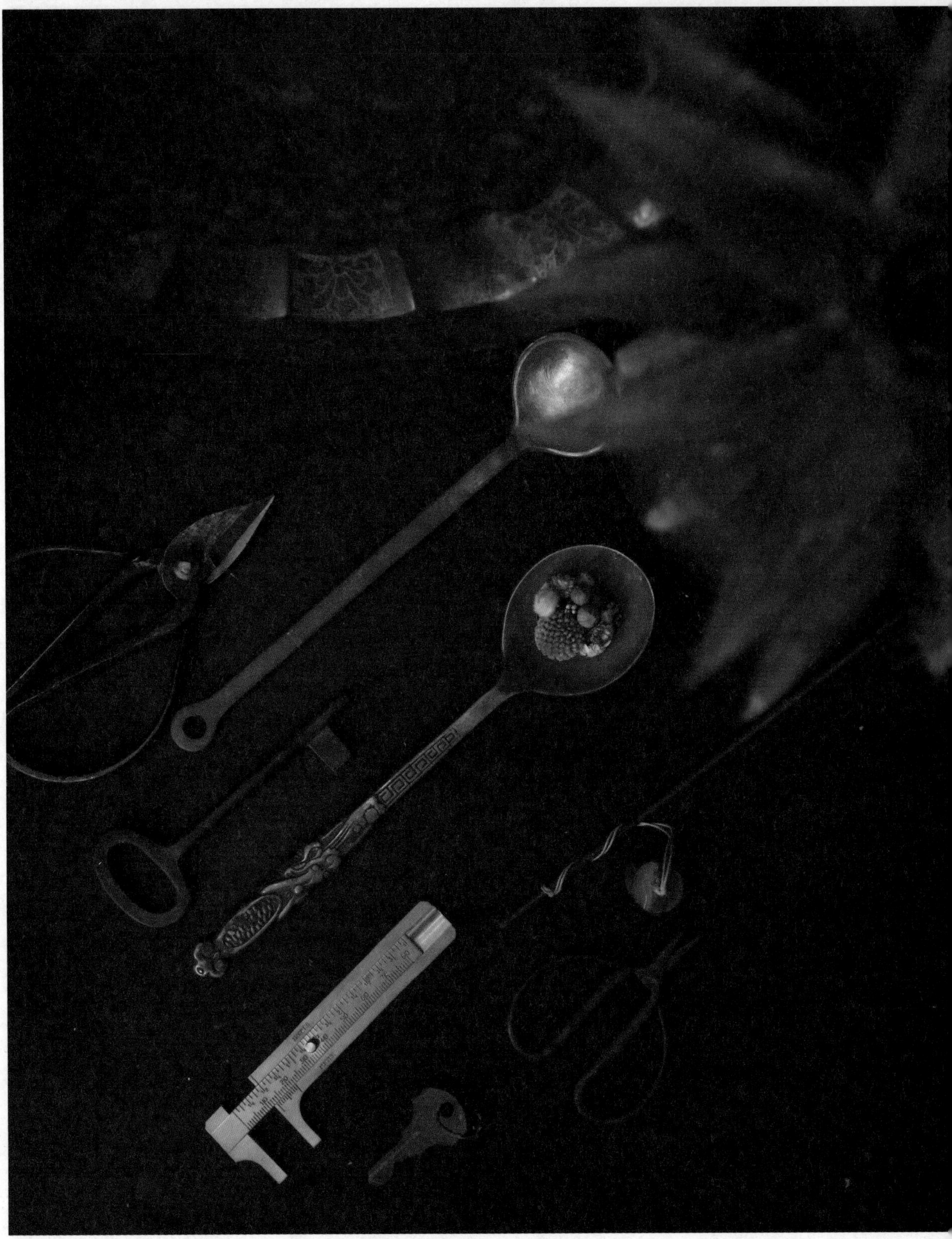

『花果茶』植物首

Flower Jewelri

香菇
Lentinus edodes (Berk.)sing

茶树菇
Agrocybe aegerita

金针菇
Flammulina velutiper (Fr.) Sing

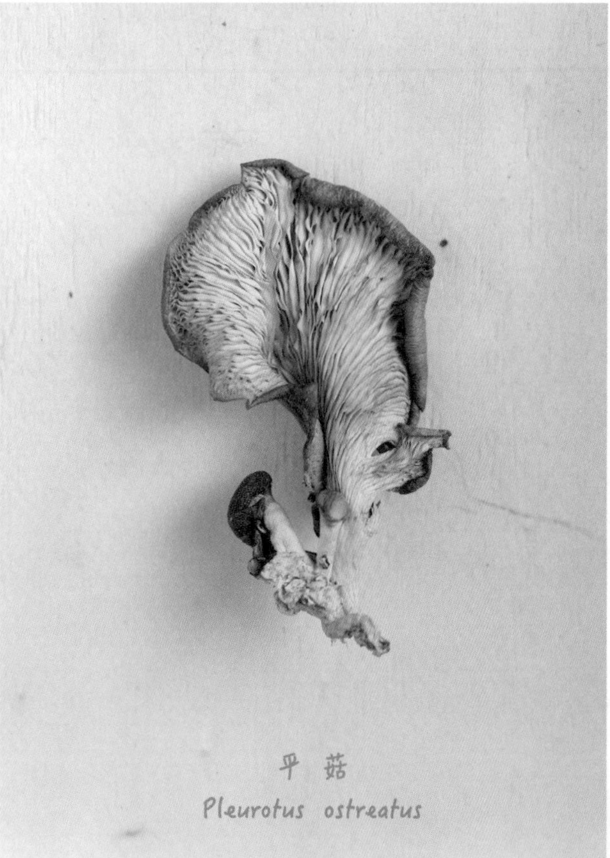

平菇
Pleurotus ostreatus

菌

Fungu

RENMIN YINHANG
ZHONGGUO

肿柄菊
Mexican Sunflowers

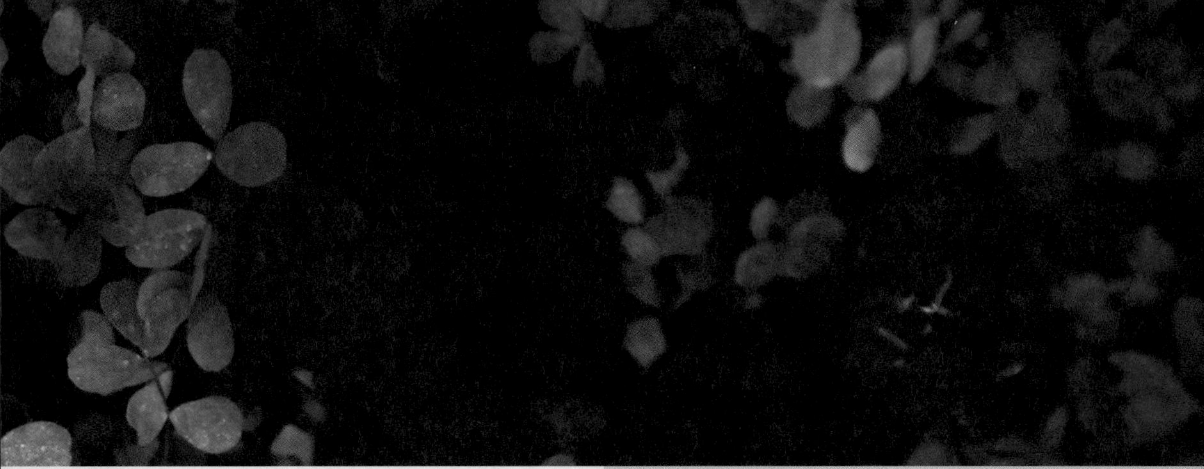

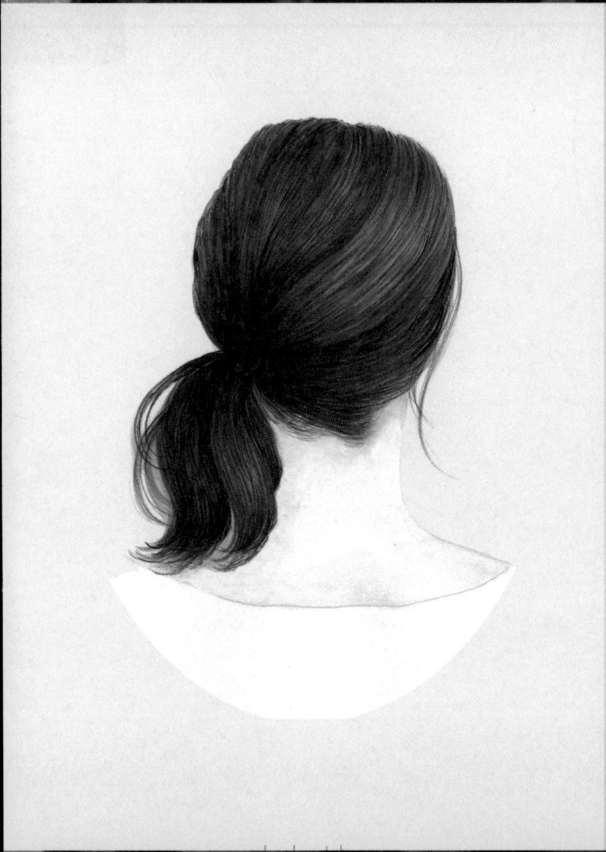

Chapter_04

灰

by adore flower studio

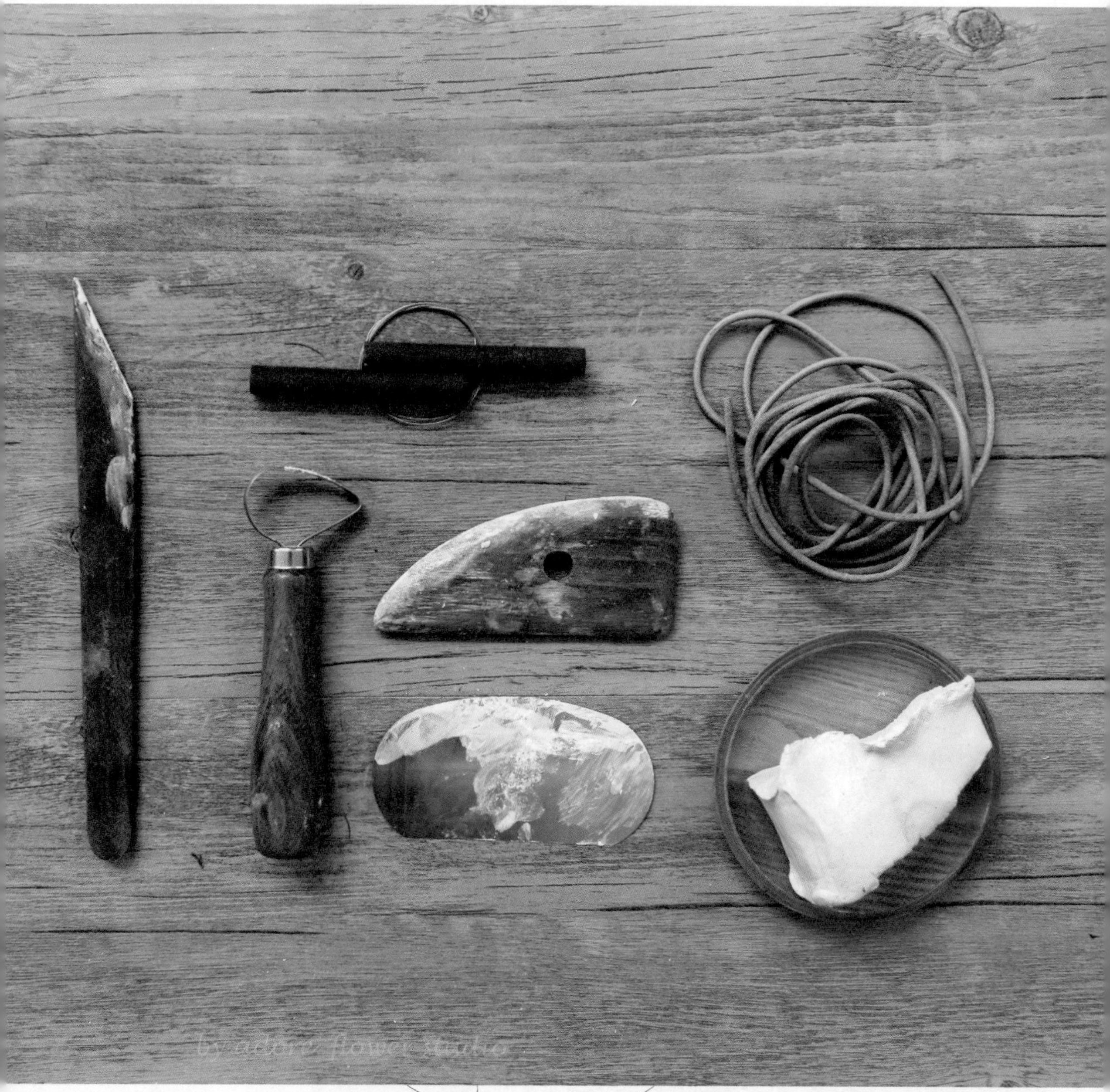

玻璃瓶里的植物

玻璃瓶里的植物

Plants in a Glass Ja

玻璃瓶里的植物
Plants in a Glass Jar

玻璃罩

Plants in a Glass Shad

玻璃瓶里的植物

Plants in a Glass Jar

玻璃罩

Plants in a Glass Shade

银叶菊
Dusty Miller

银叶
Dusty Mille

银叶
Dusty Mi

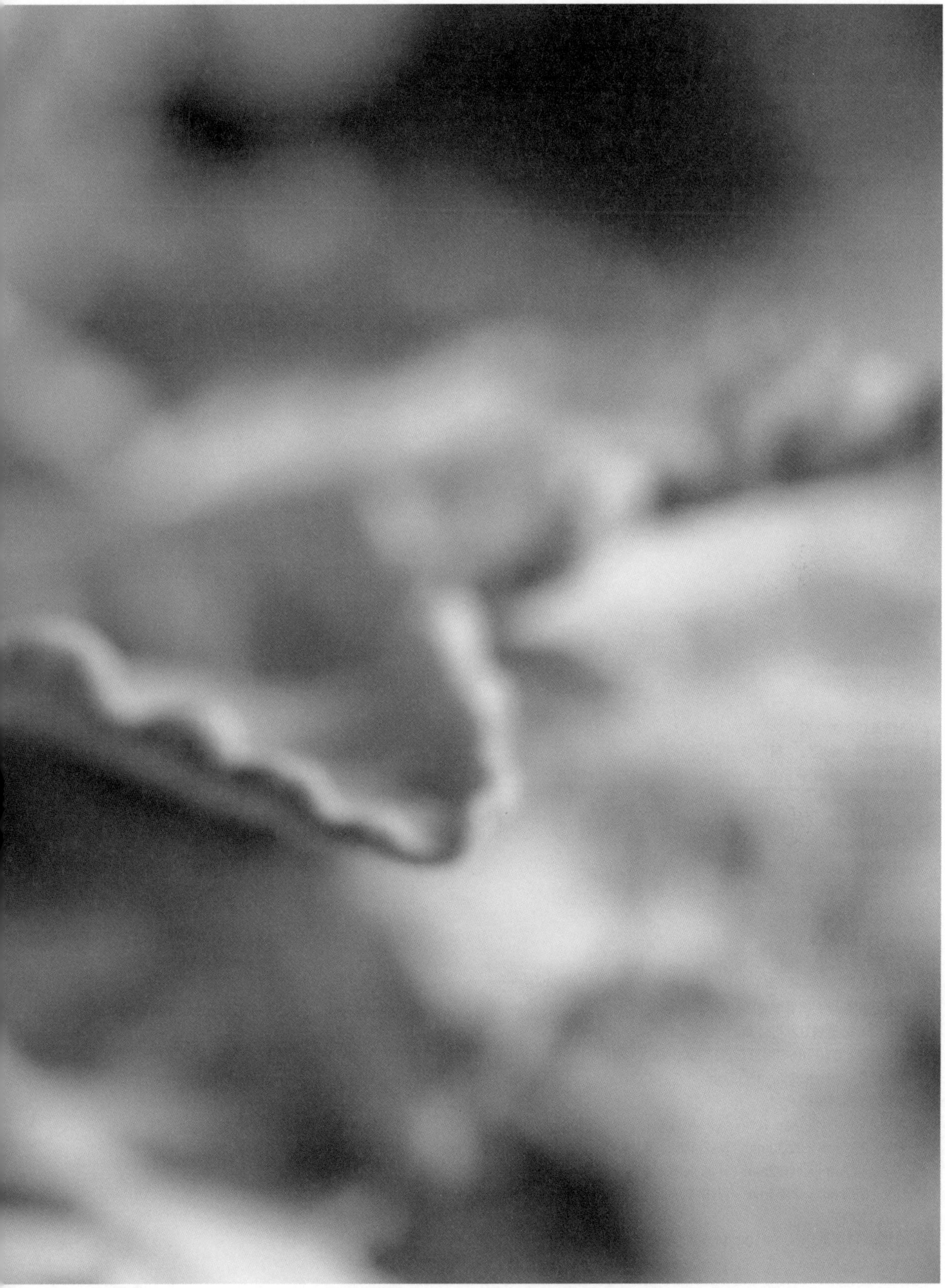

图书在版编目（CIP）数据

不如做植物 / 茹茹萍著. -- 重庆：重庆出版社,2018.11
ISBN 978-7-229-12923-1

Ⅰ. ①不… Ⅱ. ①茹… Ⅲ. ①干燥－植物－制作②干燥－植物－装饰美术－技法(美术) Ⅳ. ①TS938.99
②J525.1

中国版本图书馆CIP数据核字(2017)第299705号

不如做植物
BURU ZUOZHIWU

特约策划：彭　浪
出版监制：徐宪江　伍　志
策划编辑：余椹婷
责任编辑：王春霞
英文翻译：章　石
营销编辑：张　宁
责任印制：杨　宁
装帧设计：熊　琼 云中 *Design Workshop* + 雅　婷

重庆出版集团
重庆出版社 出版
（重庆南滨路162号1幢）
北京汇瑞嘉合文化发展有限公司　印刷
重庆出版集团图书发行公司　发行
邮购电话：010-85869375/76/77转810
投稿邮箱：bjhztr@vip.163.com
全国新华书店经销

开本：880mm×1230mm　1/32　印张：4.25
787mm×1092mm　1/16　印张：7
889mm×1194mm　1/16　印张：10.5
字数：100千
2018年11月第1版　2018年11月第1次印刷
定价：168.00元